U0321557

01 >> START

图书在版编目（CIP）数据

启程 / 王柏懿，林烈文；李含柔图. — 上海：少年儿童出版社，2024.2

（太空，我们来啦）

ISBN 978-7-5589-1850-6

Ⅰ.①启… Ⅱ.①王… ②林… ③李… Ⅲ.①宇宙—少儿读物 Ⅳ.①P159-49

中国国家版本馆CIP数据核字（2024）第015708号

太空，我们来啦

启程

王柏懿　林　烈 文

李含柔 图

刘芳苇　魏嘉奇 装帧设计

责任编辑 沈　岩　策划编辑 熊　倩

责任校对 黄亚承　美术编辑 陈艳萍　技术编辑 许　辉

出版发行 上海少年儿童出版社有限公司

地址 上海市闵行区号景路159弄B座5-6层　邮编 201101

印刷 深圳市星嘉艺纸艺有限公司

开本 889×1194　1 / 12　印张 3.5

2024年2月第1版　2024年2月第1次印刷

ISBN 978-7-5589-1850-6 / N·1266

定价 59.00 元

图片来源

视觉中国、PIXABAY、WIKIMEDIA COMMONS、NASA、CNSA 等

书中图片如有侵权，请联系图书出品方。

太空，我们来啦

启程

给孩子的中国航天科普绘本

王柏懿 林 烈 / 文　李含柔 / 图

少年儿童出版社

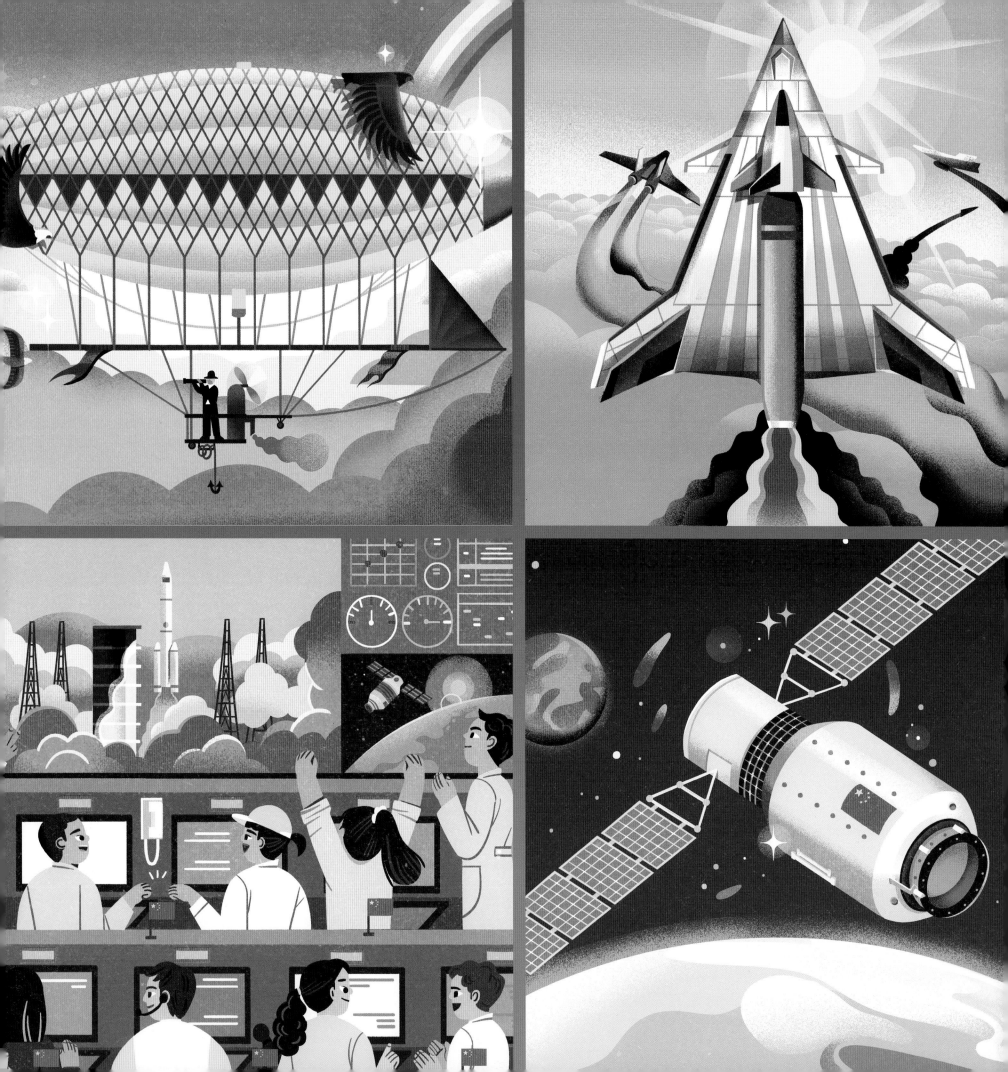

埋下梦想的种子

1956 年 10 月 8 日，国防部第五研究院成立，钱学森任院长，宣告了中国航天事业的起步。将近 70 年的时间过去了，今天中国的航天科技成果累累：长征火箭、应用卫星、神舟飞船、嫦娥探月、祝融登火、天宫巡天……它们已成为我们国家的新名片，在世界的舞台上散发着夺目的光辉。

如何让这些傲人的航天成就更加"平易近人"，触达中国每个少年儿童，让他们也能够了解这些尖端前沿科技的前世今生，进而对航天科学产生兴趣呢？

"太空，我们来啦"系列会给我们答案。这是一套由中国科学院力学研究所两位热爱与关心航天的科学家王柏懿和林烈共同主笔的科普绘本。他们站在全球视角，把整个人类的飞天故事讲述给孩子们听；同时打破西方视角，把中国最前沿、最尖端的航天科技变为孩子们愿意看又看得懂的文字；还从历史的维度，把中国航天事业的成就、曲折、发展以及超越——还原到孩子们面前。

这套书有 3 个分册，从学习鸟类飞行讲起，向孩子们介绍了热气球、飞艇、飞机、火箭和飞船的发明，让大家感受科学的奥妙；进而通过嫦娥号探测器探月和祝融号火星车登上火星背后的故事，带领孩子感受太空的魅力；还与孩子们一起漫游中国空间站，让他们身临其境地体验航天员的一天……

习近平总书记说过："探索浩瀚宇宙，发展航天事业，建设航天强国，是我们不懈追求的航天梦。"这套书，既是一部人类探索太空的历史，也是华夏民族追梦航天的记录。

希望这套书，能让孩子们了解中国航天取得的伟大成就的同时，也在心中埋下名为"梦想"的种子。

杜善义

中国工程院院士

去月球旅行

2050年10月，一个阳光明媚的下午，中国文昌航天发射场的工作人员正在有条不紊地忙碌着。一艘前往月球的大型宇宙飞船即将起飞，准备飞往月球广寒宫一号基地的6名旅客都已进入飞船。他们既兴奋又激动，因为马上就可以到月球旅行啦！

月球航班

科学家预测，到21世纪50年代，世界上的少数国家将开通地球到月球的定期航班。人们用一周左右的时间，就可以往返月球一次。

此刻，在遥远的月球上，有一趟月球航班正准备返回地球。

搭乘航班的6名旅客中包括2名已经在月球上工作了半年的科学家，他们将从月球上带回珍贵的月壤。

出发吧，中华号！

为什么说月壤很珍贵呢？

月壤中含有丰富的氦-3。这是一种在地球上极其稀有，但是在月球上含量非常丰富的能源。它的用途可大啦！氦-3是核聚变电站的重要燃料，100吨的氦-3可以满足全世界一年的用电需求！

那时，人们搭乘月球观光车，欣赏那些巨大的环形山。它们是几亿年前，月球被小行星撞击后留下的巨大"伤疤"。他们也会探访人类在月球上建造的"温室大棚"，观察地球植物在月球上的生存状态。

漫漫飞天路

700多万年前，我们的祖先生活在树上。后来他们从树上下来，学会了直立行走。虽然他们在陆地上可以奔跑如飞，但他们的身体构造显然不适合飞翔，因为人类没有翅膀。

4亿多年前，昆虫就已经出现在地球上了。它们中有不少是顶尖的飞行高手，如蝴蝶、蜻蜓，它们能够上下飞舞，在空中做出各种复杂的飞行动作。有些高难度动作，就连目前性能最好的飞机也无法完成。

1亿多年前，鸟类已经出现了。它们高超的飞行本领更是让人类羡慕不已。鸟类中的飞行冠军，大概要数兀鹫了。

据说，攀登珠穆朗玛峰的探险家，曾经在峰顶看到高山兀鹫在上空盘旋。当你看到蜂飞蝶舞、鹰击长空时，会不会也想像它们一样在空中自由翱翔呢？

最早的飞行器

人类一直思索着如何才能真正飞上天空，为了飞翔，人类进行了各种各样的尝试。

人类能像鸟儿一样飞翔吗？

为了弄清楚昆虫及鸟类飞行的原理，早期的生物学家进行了无数次探索与研究。他们对比了人类与鸟类的生理结构和运动原理，最终得出结论：人类不可能凭借自己的身体像鸟儿一样飞翔。

古代中国人的智慧

虽然人类不能像鸟儿一样飞翔，但人类可以制造能够飞行的器具。2000多年前，我们的祖先就已经懂得了借助风的力量，将器具送上天空。

古代火箭

竹蜻蜓

风筝

风筝

孔明灯

风筝

早期的飞行器有风筝、孔明灯及竹蜻蜓等，这些都是古代中国人的智慧结晶，后来传入西方，产生了深远影响。直到现在，美国国家航空航天博物馆还在醒目位置展示着最早的飞行器模型——中国的风筝和火箭。

奥托·李林塔尔滑翔翼

飞行者1号

东方1号

土星5号

人类飞行的历史，如果从中国发明风筝算起，到20世纪初载人飞机的出现，经历了2000多年。此后，又过了五六十个春秋，才有苏联航天员尤里·加加林乘坐载人飞船，在离地面330千米的高空飞行了108分钟，绕地球飞行一周。又过了几个寒暑，美国航天员乘着飞船登上了月球。如今，中国也建成了自己的空间站，并且已有数十名航天员飞上了太空。未来我们的航天员还将登上月球，飞向火星，探索宇宙深处。

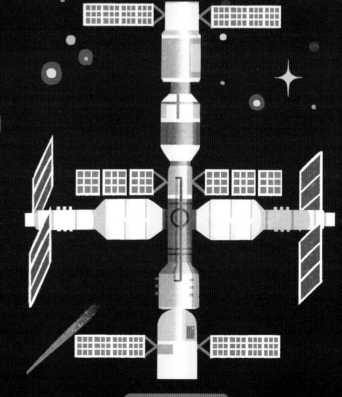

中国空间站

热气球诞生

热气球是人类最早研制成功的一种可以载人的升空飞行器。18世纪80年代，法国的蒙哥尔费兄弟看到碎纸屑在火炉中不断升起，受到启发，用纸袋把热空气包裹起来，纸袋真的会缓缓上升！他们因此发明了热气球。

第一次载人飞行

1783年11月21日，法国人罗齐埃和达尔朗德乘坐蒙哥尔费热气球在法国巴黎进行了世界上第一次热气球载人空中飞行。这次飞行持续了大约25分钟，热气球飞越了半个巴黎！

20世纪中叶以来，乘坐热气球逐渐成为人们喜爱的一种活动，因为它操作简单，对起飞和着陆的条件要求不高。

想象一下：你站在热气球的吊篮中，在近千米的高空观赏辽阔壮丽的天地，这场面是不是非常壮观？

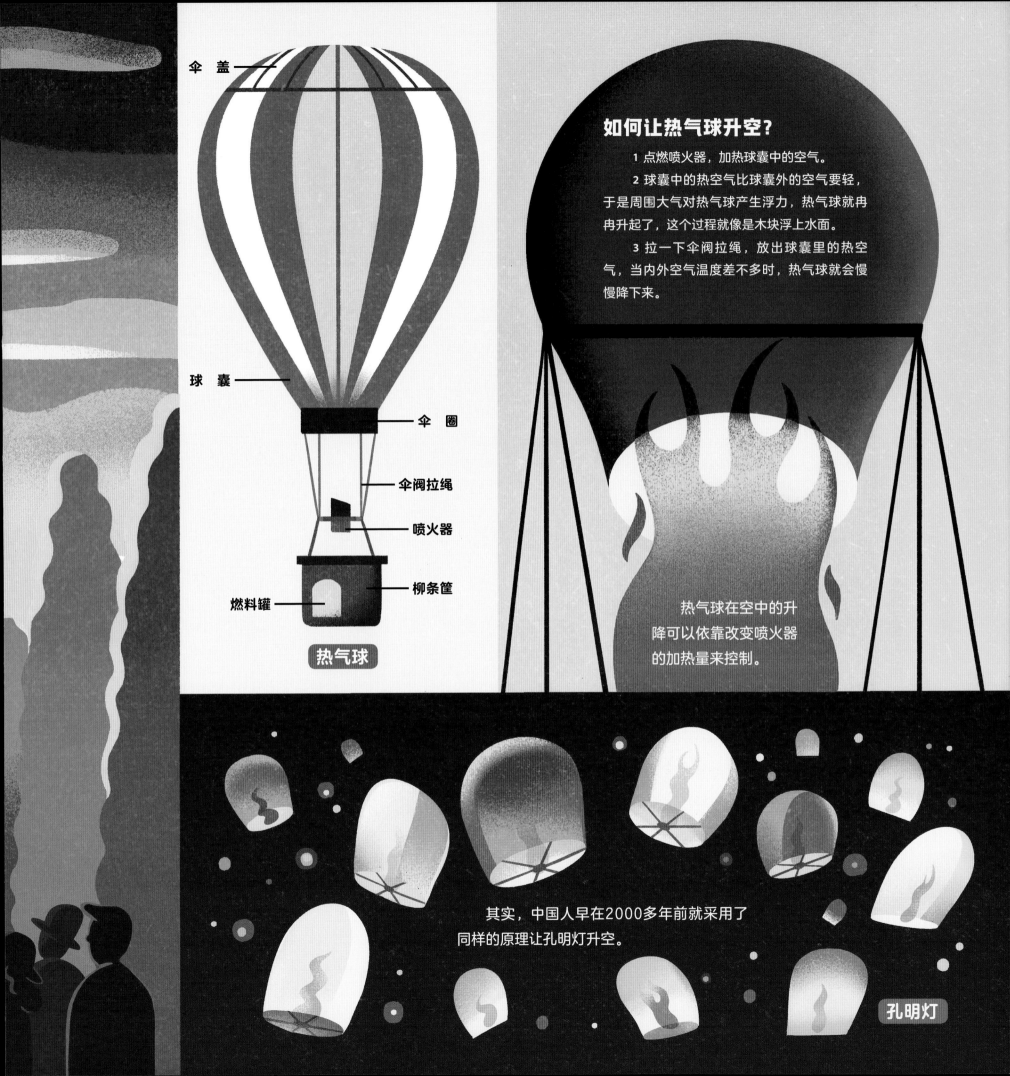

伞 盖

球 囊

伞 圈

伞阀拉绳

喷火器

燃料罐

柳条筐

热气球

如何让热气球升空？

1 点燃喷火器，加热球囊中的空气。

2 球囊中的热空气比球囊外的空气要轻，于是周围大气对热气球产生浮力，热气球就冉冉升起了，这个过程就像是木块浮上水面。

3 拉一下伞阀拉绳，放出球囊里的热空气，当内外空气温度差不多时，热气球就会慢慢降下来。

热气球在空中的升降可以依靠改变喷火器的加热量来控制。

其实，中国人早在2000多年前就采用了同样的原理让孔明灯升空。

孔明灯

飞艇的华丽舞台

飞艇跟热气球一样，都是能够载人升空的飞行器。但是，它们的外观有所不同：热气球大多是球形的，而飞艇大多是橄榄形的。此外，热气球没有推进动力和方向舵，而飞艇带有发动机和尾翼。所以，热气球只能随风飘飞，而飞艇能够由人来自主地操控飞行。

吉法尔飞艇

第一艘蒸汽飞艇

1852年，法国人吉法尔创造了人类历史上第一艘带有螺旋桨，并以蒸汽机为动力的飞艇。他在法国巴黎的郊区让飞艇成功地飞上了天空。

20世纪20—30年代是飞艇最辉煌的时期，各国建造的飞艇加起来超过了500艘。但是这一时期的飞艇使用氢气作为浮升气体，氢气很容易燃烧和爆炸，非常不安全。

各个国家都有多起大型飞艇失事的事件发生，此后飞艇的发展就停滞了。到了20世纪70年代，人们改用安全的氦气作为浮升气体，飞艇才华丽地转身，再次登上历史舞台。

什么是浮升气体？

这是一类比空气更轻的气体，如氢气、氦气等。注入这类气体，可以产生浮力，使飞艇升上天空。

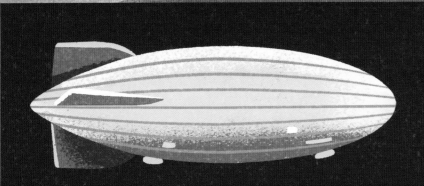

兴登堡号

1937年，德国兴登堡号飞艇在着陆时因为静电火花引起了氢气爆炸，共有36人因此而遇难。

现代飞艇

2016年，英国研制的巨型飞艇——天空登陆者10号首航成功。它长约92米，比目前最大的客机空客A380还要长！天空登陆者10号可以搭载48名旅客，可在空中停留5天。

天空登陆者10号

今天，飞艇的外形更加多样，用途更加广泛：交通运输、环境检测、遥感通信、应急救援、公共安全、科学实验以及侦察巡视中都少不了它们的身影。

飞艇的种类

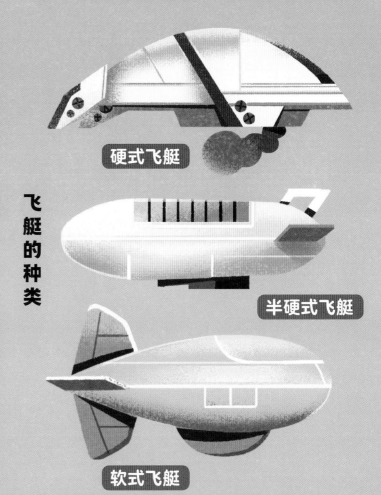

硬式飞艇

半硬式飞艇

软式飞艇

飞机，起飞！

1903年，人类历史上第一架动力飞机飞行者1号由它的制造者——美国的莱特兄弟驾驶试飞成功。尽管他们待在空中的时间还不到1分钟，但这是人类第一次成功利用动力装置进行真正的可操纵飞行。

升降舵

飞行者1号

多翼机

飞行者1号是一种双翼飞机。其实，在飞机发展的初期，人们一直在努力探寻各种多翼机的方案。但是多片机翼并不利于飞机性能的提升，安全性又较差，所以多翼机慢慢退出了历史舞台。

轻木骨架

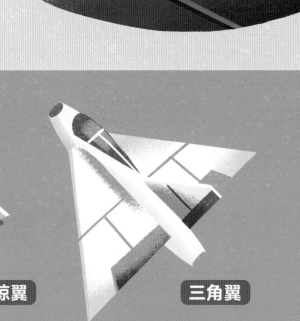

平直翼　　后掠翼　　三角翼

单翼机

今天在空中飞行的飞机基本上都是单翼机，有平直翼、后掠翼和三角翼等。为了保持平衡和便于操纵，现代飞机一般还带有尾翼。

和飞艇不同，飞机的重量大于它所排出的空气重量，所以如果没有向上的力量托住，飞机就会掉下来。飞机是利用机翼产生的升力而浮在空中的。

机 翼

方向舵

流速快，压力小

气流

机 翼

流速慢，压力大

飞机是怎么飞上天的呢?

飞机的机翼有着特别的形状，上面是凸起的弧形，这样，当空气流过时，机翼上方的空气流动比下方的更快些，根据伯努利定理，上方的空气压力就会比下方的小，于是机翼上下两面的压力差就形成支撑飞机的向上升力。飞机只能在大气层中飞行，而且只有在运动时机翼才能产生升力。

滑过天空的 "金属鸟"

20世纪中期以来，人们发明了功率更大的新型发动机以及轻巧结实的新型材料。飞机变得越来越大，飞得也越来越快，它们像一只只巨大的金属鸟，自由自在地在蓝天翱翔。无论是民用机还是军用机，它们都发挥了巨大的作用。

空客A380
欧洲的空中客车A380是迄今为止全球最大的宽体客机，可载客550余人。

波音787
全球首架长程中型客机，被称为"梦想客机"的波音787的续航距离最远可达16000千米，相当于跨越半个地球的距离。

图-144
苏联的图-144是世界上第一架超声速客机，飞行马赫数可达2.35。

超声速飞机
声音在空气中传播的速度大约是340米/秒。最快飞行速度超过声速的飞机就是超声速飞机。

B-2轰炸机

米格-35战斗机

AH-64武装直升机

武装直升机在军事中使用较多，它们靠旋翼不停地旋转来产生升力，可以垂直起降。

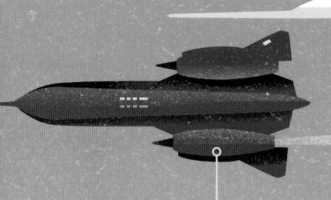

SR-71侦察机

"黑鸟" SR-71侦察机曾创下飞行速度和高度的世界纪录。

军用飞机

军用飞机包括战斗机、轰炸机、武装直升机，还有用于侦察、运输、警戒、训练和联络救生等各种军事用途的飞机。

中国制造

中国近年来也研发了一系列新机型，如第一款大型干线客机——商飞C919、目前世界上首款双座型的第五代隐身战斗机——歼-20，以及大型军用运输机——运-20，等等。

"国产大飞机"：C919

首飞：2017年5月5日

最大航程：5555千米

"胖妞"：运-20

首飞：2013年1月26日

最大载重量：66吨

第五代隐形战斗机：歼-20

首飞：2011年1月11日

最大飞行马赫数：2.0

更高、更快、更远!

飞得更高、更快、更远，是人类永恒的追求。高超声速飞行器是飞行速度在马赫数5以上的新一代"飞机"，它们的飞行高度可达100千米，远远超过现有飞机的高度极限。

高超声速

高超声速的概念是中国航天之父钱学森在1945年首次提出来的。在这种速度下，飞机1小时就能从纽约飞到巴黎。

今天，高超声速飞行器作为新一代武器，已经成为世界强国竞相研究的对象。因为它们不仅速度快、航程远，还能做机动飞行，这是常规导弹无法实现的。

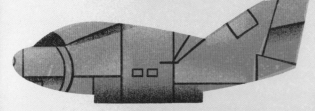

升力体飞行器

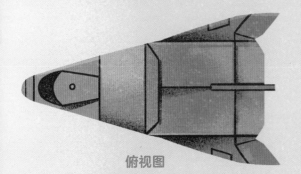

侧视图

俯视图

正视图

高超声速飞行器

　　高超声速飞行器的结构和普通飞机相比有了不少变化。例如把机翼和机身融合在一起，利用流线型外形产生升力的升力体飞行器。

　　也有把头部做得扁扁尖尖的乘波体飞行器，它们飞行时边缘处形成一道向外延伸的激波，依靠激波后的气体对机身下表面产生的向上压力来提供升力。

乘波体飞行器

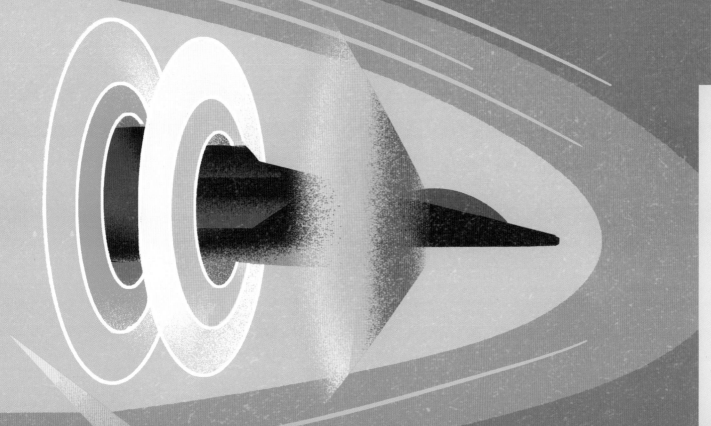

什么是激波？

　　当我们向平静的水中投下一颗石子时，这个扰动就会在水面上形成一个个圆环状的水波，向四周传播。

　　飞行器在空中飞行时，就像这颗石子，在大气里产生声波，向四周传播。

　　当飞行器的速度超过声速时，刚刚产生的声波会赶上之前产生的向前传播的声波，它们叠加起来就形成了激波。

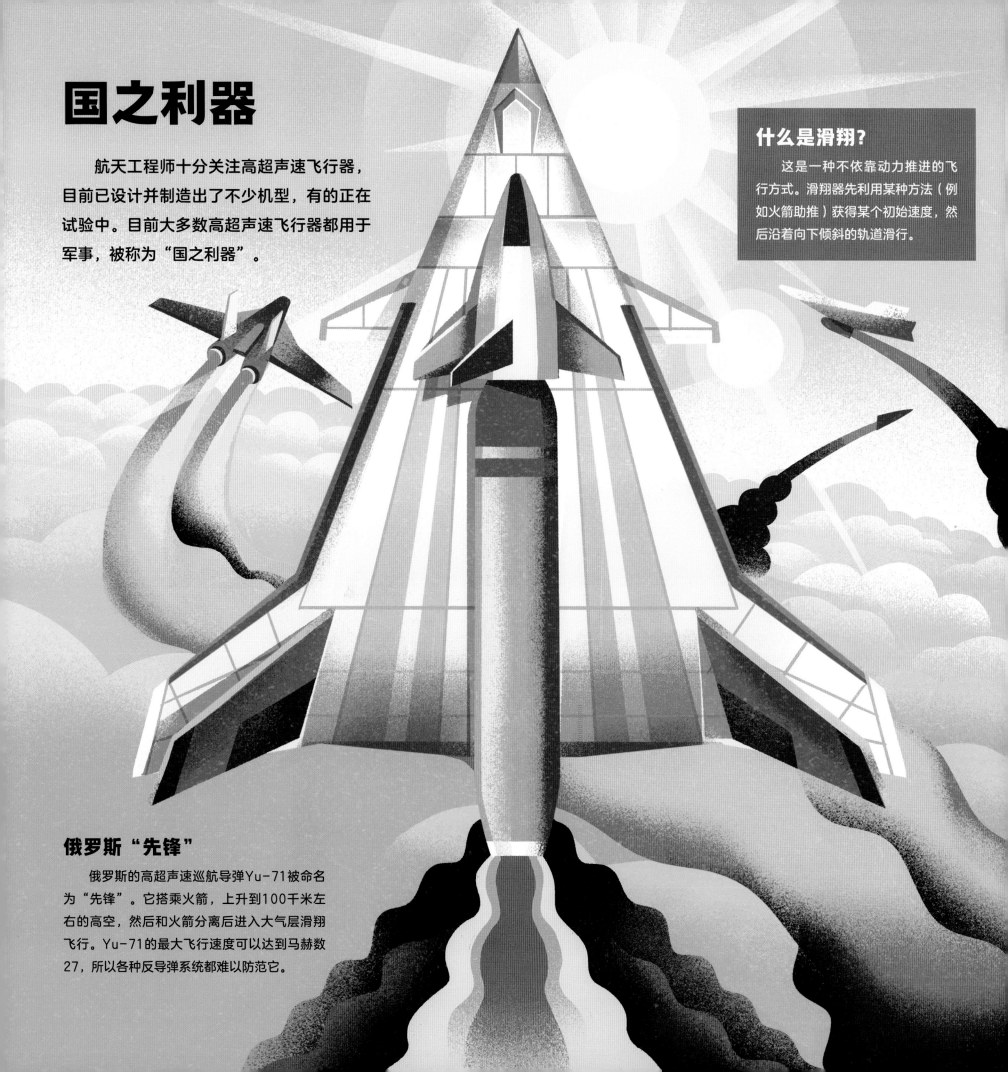

国之利器

航天工程师十分关注高超声速飞行器，目前已设计并制造出了不少机型，有的正在试验中。目前大多数高超声速飞行器都用于军事，被称为"国之利器"。

什么是滑翔？

这是一种不依靠动力推进的飞行方式。滑翔器先利用某种方法（例如火箭助推）获得某个初始速度，然后沿着向下倾斜的轨道滑行。

俄罗斯"先锋"

俄罗斯的高超声速巡航导弹Yu-71被命名为"先锋"。它搭乘火箭，上升到100千米左右的高空，然后和火箭分离后进入大气层滑翔飞行。Yu-71的最大飞行速度可以达到马赫数27，所以各种反导弹系统都难以防范它。

"东风"来啦

在2019年的国庆阅兵仪式上，中国研制的高超声速导弹东风17正式亮相。东风17拥有乘波体弹头，采用助推-滑翔式飞行方式。导弹升空后会像打水漂一样滑翔飞行。

什么是反导弹？

反导弹就是攻击（也叫作拦截）导弹的导弹。如果导弹能够突破拦截，击中敌方，就叫作突防。

美国的X-43A试验机和X-51A高超声速飞行器与中国研制的高超声速导弹有所不同，这种飞行器自身带有发动机。

X-51A

超纪录

X-43A试验机在试飞中创下了马赫数接近10的最高航速纪录。

X-43A试验机

3, 2, 1, 点火!

地球拥有巨大的质量，地球上的任何物体都会受到地球引力的影响，我们怎么才能冲出地球，实现飞天梦呢？答案就是火箭。

一飞冲天

　　火箭的推力来自火箭发动机。它主要由燃烧室和喷管组成，自带推进剂。推进剂在燃烧室里发生化学反应，生成的高温气体在通过特殊形状的喷管时不断加速，最后以每秒上千米的速度从喷管口喷出，巨大的反冲力使得火箭一飞冲天。

多级火箭

火箭推进剂中含有大量氧化剂，即使在没有氧气的太空中，它也能工作。但是这同时也给火箭带来一个缺点：它必须携带大量氧化剂才能保证正常发动，这样火箭就会非常重。如何让这个庞然大物克服地球引力冲出地球，冲向太空呢？

多级火箭如何升空？

为了解决这个问题，苏联火箭专家康斯坦丁·齐奥尔科夫斯基想出一个好办法：❶ 把几个能单独工作的火箭发动机连起来，❷ 其中每级火箭的推进剂用完后就自动熄火并脱落，❸ 这样火箭的整体重量会越来越小，❹ 只需利用较小的能量就可以进一步推动剩余部分进入太空。

地球是人类的摇篮，但人类不可能永远被束缚在摇篮里。

现代火箭

19世纪末到20世纪初，西方开始探索火箭技术。1926年，世界上第一枚液体火箭成功试射。1944年，德国V-2火箭试射的升空高度达到176千米，成为人类历史上第一个抵达太空的人造物体。1957年，随着搭载着斯普特尼克1号卫星由R-7火箭改进而成的卫星号运载火箭成功发射，人类开启了太空纪元。

R-7火箭

V-2火箭

长征一号

长征二号

火箭家族

古代火箭

"火箭"的名字，来自中国古代的一种武器，最开始指捆绑着火把的箭矢。

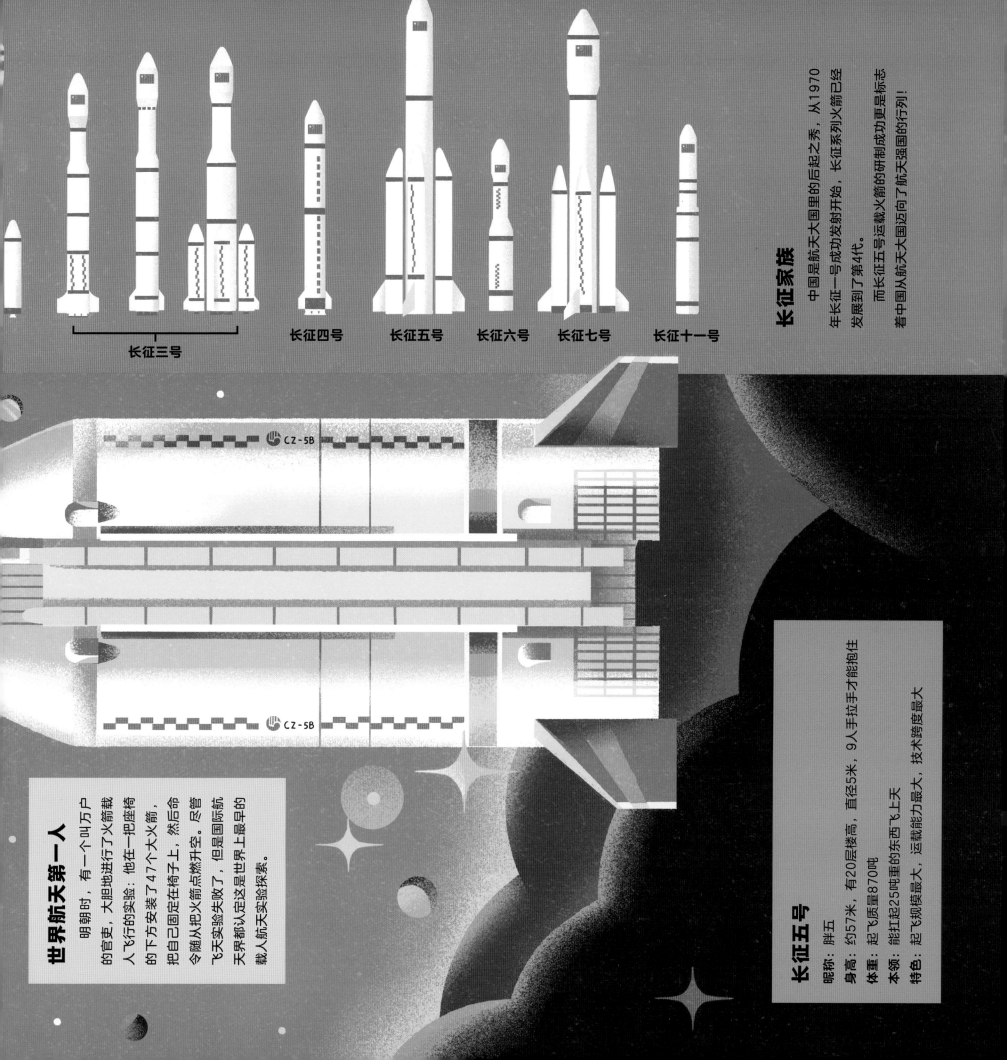

长征三号　　长征四号　　长征五号　　长征六号　　长征七号　　长征十一号

长征家族

中国是航天大国里的后起之秀，从1970年长征一号成功发射开始，长征系列火箭已经发展到了第4代。

而长征五号运载火箭的研制成功更是标志着中国从航天大国迈向了航天强国的行列！

CZ-5B

CZ-5B

长征五号

昵称：胖五
身高：约57米，有20层楼高，直径5米。
体重：起飞质量870吨
本领：能扛起25吨重的东西飞上天
特色：起飞规模最大，运载能力最大，技术跨度最大

世界航天第一人

明朝时，有一个叫万户的官吏，大胆地进行了火箭载人飞行的实验：他在一把座椅的下方安装了47个大火箭，把自己固定在椅子上，然后命令随从把火箭点燃升空。尽管飞天实验失败了，但是国际航天界都认定这是世界上最早的载人航天实验探索。

飞船，升空！

飞机的发明，使人类可以冲出地平线，在天空中飞翔；而飞船的问世，则使人类可以冲出地球，在太空中遨游！

火箭将载人飞船送到预定轨道上，航天员可以在飞船中体验短期的太空生活，同时开展各种研究工作。

载人飞船在轨道上飞行的时间不会很长，一般是几天到半个月，搭载2～3名航天员。

载人飞船

飞船怎么不是船的模样？

船在水中航行，会受到水的阻力，流线型的船体可以减少水的阻力影响。

而太空中是一种真空状态，不存在空气阻力或是水的阻力。所以在设计飞船时，就不需要将阻力因素放到首要考虑的位置了。

飞船为什么不会掉下来?

　　运载火箭将飞船送到预定轨道,同时还使飞船以大约7.9千米 / 秒的水平速度进入环绕地球的飞行轨道。这个速度也称为"第一宇宙速度"。当飞船以第一宇宙速度在轨道上飞行时,飞船的离心力正好抵消了地球的引力,这样,飞船就不会掉落下来了。

飞船都可以载人吗?

　　不是的。还有一种飞船不载人只运货。比如中国的天舟系列货运飞船。

载人龙飞船

　　一般来说,飞船是一种一次性使用的航天器,不过随着科学的发展,现在也有了一些可以多次重复使用的飞船,比如美国的载人龙飞船。

冲出地球！

到目前为止，全世界只有3个国家有能力独立研制和发射载人飞船，那就是俄罗斯、美国和中国。在这些载人飞船中，除了执行登月任务的阿波罗号飞船以外，大部分飞船都是在近地轨道上飞行。

尼尔·阿姆斯特朗
时间：1969年7月20日
飞船：阿波罗11号
成就：人类踏上月球的梦想终于成为现实！

阿波罗11号

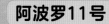
东方1号

尤里·加加林
时间：1961年4月12日
飞船：东方1号
成就：绕着地球飞行108分钟后安全返回地面，首次实现了人类的太空飞行！

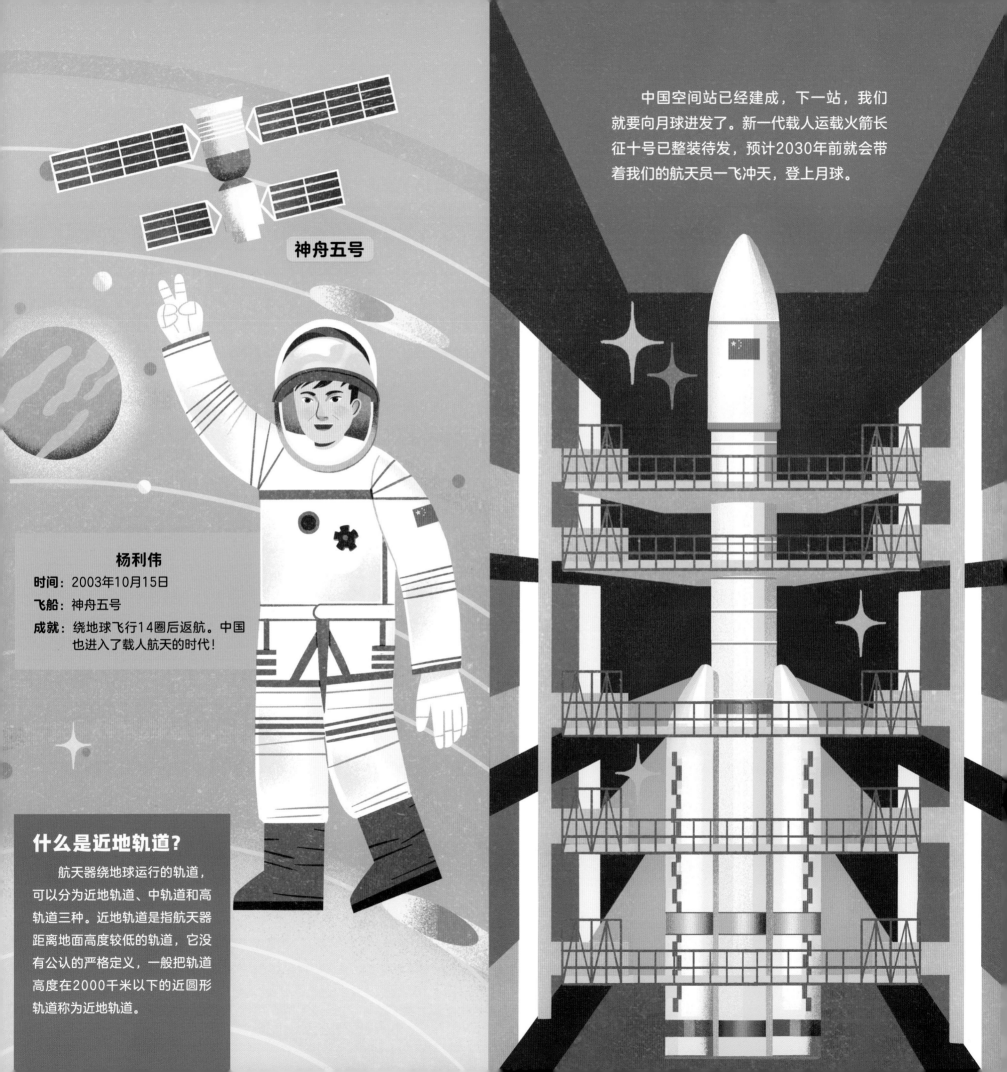

神舟五号

中国空间站已经建成，下一站，我们就要向月球进发了。新一代载人运载火箭长征十号已整装待发，预计2030年前就会带着我们的航天员一飞冲天，登上月球。

杨利伟

时间：2003年10月15日

飞船：神舟五号

成就：绕地球飞行14圈后返航。中国也进入了载人航天的时代！

什么是近地轨道？

航天器绕地球运行的轨道，可以分为近地轨道、中轨道和高轨道三种。近地轨道是指航天器距离地面高度较低的轨道，它没有公认的严格定义，一般把轨道高度在2000千米以下的近圆形轨道称为近地轨道。

飞上太空的飞机

通常火箭和航天器都不能重复使用，发射、飞行一次后就报废了，而且造价昂贵。而美国国家航空航天局设计的航天飞机飞到太空轨道后，还可以像飞机一样飞回来。

外挂燃料箱

航天飞机由轨道飞行器、固体火箭助推器和外挂燃料箱三部分组成。它可以像火箭那样垂直起飞，像载人飞船那样在轨道上运行，像飞机那样在大气层中滑翔，最后在地面上平稳着陆。

固体火箭助推器

轨道飞行器

轨道飞行器在完成任务后返回地球，经过必要的维修后可以重复使用大约100次；助推器在升空时提供附加推力，到达指定高度后就与航天飞机分离，依靠降落伞降落在大西洋上，回收后也可以重复使用。

固体火箭助推器分离

外挂燃料箱分离

在轨飞行

平稳着陆

轨道飞行器

　　轨道飞行器的体积比载人飞船大得多，最多可以搭载14名航天员。如果是运货，最多一次性可以运送20吨的物资。它还可以向近地轨道释放卫星，向高轨道发射卫星，在轨道上捕捉、维修和回收卫星。

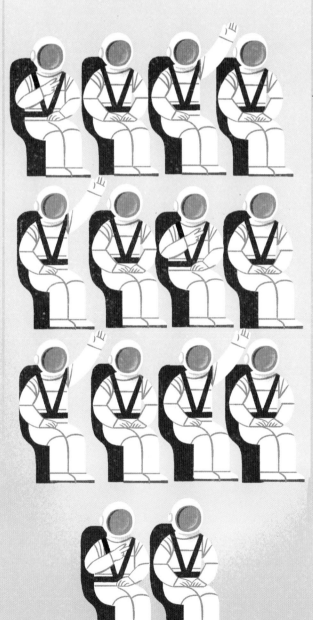

　　轨道飞行器在返回地球大气层后会滑翔一段距离，让航天员在着陆过程中更加安全、舒适。

航天器的未来

世界上第一种真正投入使用的可重复使用航天器是美国的航天飞机。但是它也只有短暂的辉煌历史。

但是人类探索可重复使用航天器的努力并没有因此而停止，因为这是降低航天器发射成本的主要办法之一。

航天飞机的落幕

1986年1月28日，挑战者号航天飞机在发射升空73秒时爆炸解体坠落，7名航天精英在人们的注视之下罹难。

2003年2月1日，哥伦比亚号航天飞机在返回地面的过程中又发生空中解体，机上7名航天员全部遇难。

2011年7月21日，亚特兰蒂斯号航天飞机完成了最后一次飞行，宣告了航天飞机时代的结束。

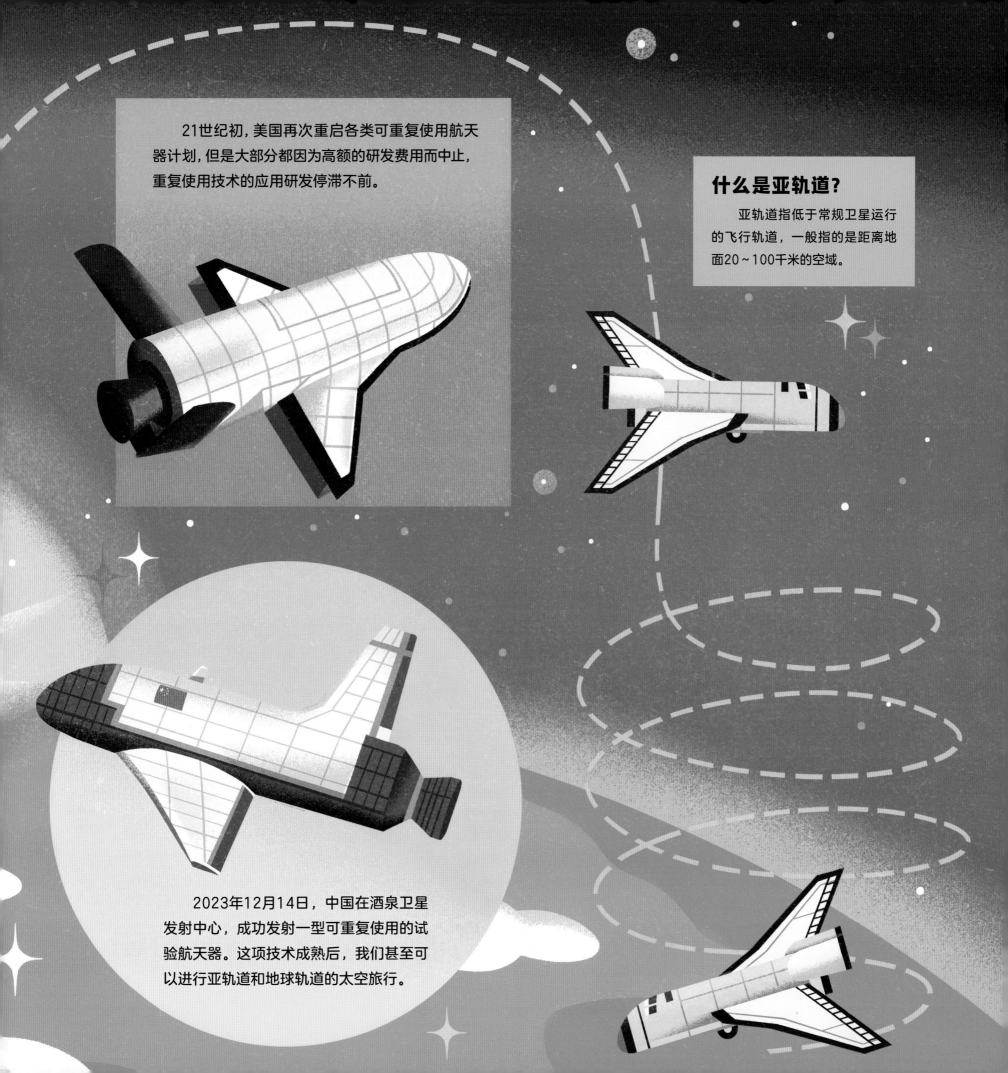

21世纪初，美国再次重启各类可重复使用航天器计划，但是大部分都因为高额的研发费用而中止，重复使用技术的应用研发停滞不前。

什么是亚轨道？

亚轨道指低于常规卫星运行的飞行轨道，一般指的是距离地面20～100千米的空域。

2023年12月14日，中国在酒泉卫星发射中心，成功发射一型可重复使用的试验航天器。这项技术成熟后，我们甚至可以进行亚轨道和地球轨道的太空旅行。

胖五访谈录

海南省文昌市是一座充满椰香的海边小城，这里不仅有美味的文昌鸡和成片的椰林，更有中国四大航天发射中心之一——文昌航天发射场，我们今天要采访的主角就在这里。

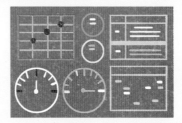

姓名：长征五号运载火箭
昵称：胖五
个性：勤劳、勇敢、乐观
爱好：高速度运动、太空旅行

记者：你好，我想你应该就是……？

胖五：没错！我就是长征五号运载火箭，不过我更喜欢大家叫我"胖五"！

记者：可是，我看你根本不胖呀？

胖五：我就知道你要这么说。那是你没见过我们长征家族的其他成员，它们都太瘦了。我的身高将近57米，腰围直径5米，几乎是它们的1.5倍！我力气也非常大，可以轻轻松松把20多吨重的荷载送上太空！

记者：哇，你可真厉害，那你一定也是战功赫赫吧！

胖五：哈哈，可以这么说！刚开始，我只发射实践系列卫星。后来又发射过嫦娥五号探测器和天问一号探测器。前几年大家说要建一个太空中的家，于是把我升级了一下，让我帮忙跑腿，到太空"搭积木"。比如说运送天和核心舱，呵，那可是个大家伙，不过对我来说只是小意思。把核心舱送上太空后，我也送过问天和梦天2个实验舱，看着它们与核心舱拼接完成。😊

记者：这么多次发射经历，让你印象最深刻的是哪次呢？

胖五：每次的发射体验都不一样，要说让我印象最深刻的，可能是我的第二次"出征"。😓我记得那天天空阴沉沉的，我在发射塔架整装待发，准备将实践十八号技术试验卫星送上预定轨道。我们大家都觉得这次的任务很简单，因为实践十七号也是由我成功发射的，但没想到……点火升空346秒后，我的发动机突然发生故障，我坠了下来……😭

记者：天啊，这太不幸了！那后来呢？

胖五：后来，我消沉了很长一段时间，很多任务也被迫延期甚至中断。幸运的是，我的背后有一群越挫越勇的家人和朋友，他们帮助我找出问题并改进升级。两年的时间里，我通过了更多更严峻的考验，也参加了更多更复杂的测试。这些磨砺，让我更加成熟也更加稳重。当我第三次"出征"时，家人和朋友更是一路为我加油打气，让我能够再次毫无顾忌地一飞冲天！

记者：真不容易，还好你挺过来了！那你能透露一下以后的发射计划吗？

胖五：当然可以！马上空间站最后一个重要的部分——巡天号光学舱也由我来发射，到那个时候，太空中的家就正式完工啦！之后还有嫦娥六号、嫦娥七号、嫦娥八号、木星探测器……悄悄告诉你，大家正准备把我再升级一下，迎接新的发射任务！

记者：哇哦！太让人期待了！还有最后一个问题，好多小读者想知道，在哪里可以看见你的飞天雄姿？

胖五：哈哈！想看我飞天可得挑个晴朗的日子。因为发射塔离海不到1000米，天气好的时候，朋友们就能隔着海湾看到我在海面上划出一道壮观的圆弧，欣赏"胖五出海"的奇景。

不可不知的"明星"航天器

航天器可是个大大的家族，你知道有哪些著名的航天器吗？快来跟我看看这些航天史上的"第一"吧！

第一枚液体火箭（1926年）
人类飞向太空的真正开端

斯普特尼克1号（1957年）
第一颗人造卫星

东方1号（1961年）
第一艘载人飞船

阿波罗11号登月舱（1969年）
人类第一次踏上月球的登月舱

东方红一号（1970年）
中国发射的第一颗人造卫星

哥伦比亚号航天飞机（1981年）
第一架航天飞机

神舟五号（2003年）
中国实现第一次载人航天飞行

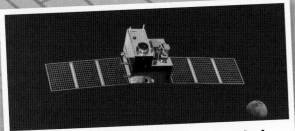

墨子号量子科学实验卫星（2016年）
中国发射的全球首颗量子通信卫星

嫦娥四号（2019年）
人类探测器首次在月球背面软着陆

中国空间站（2022年）
中国第一个投入使用的太空之家